L'ÉTABLISSEMENT THERMAL

SAINT-LÉGER

A POUGUES

« Mon compère. j'ay achevé de prendre les Eaux à Pougues, de quoy je m'en trouve merveilleusement bien. »
(Lettre de Henri IV. — 25 juillet 1601.)

1584 - 1898

LA STATION

L'ÉTABLISSEMENT THERMAL

LE CASINO — LE PARC

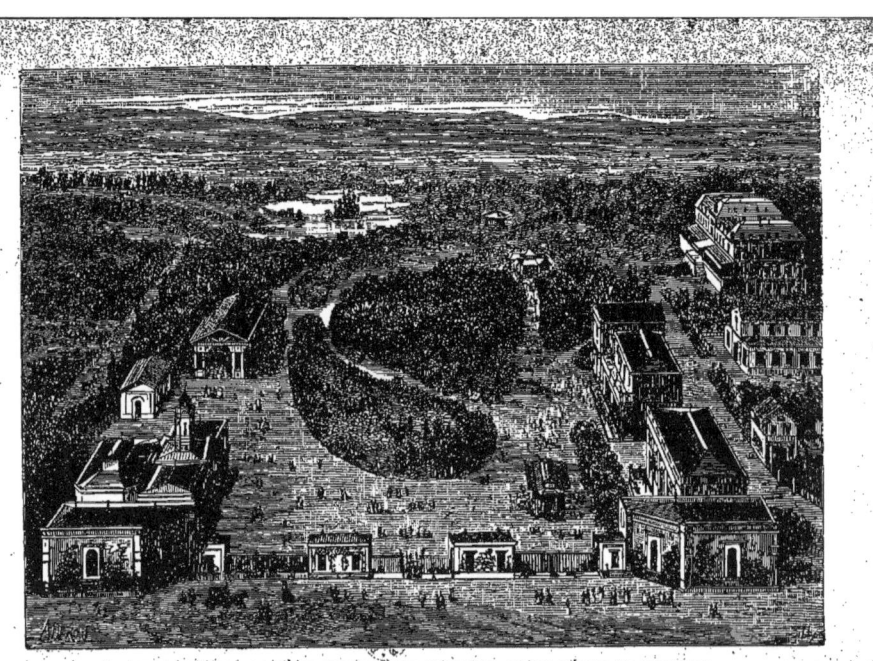
VUE GÉNÉRALE DE L'ÉTABLISSEMENT THERMAL SAINT-LÉGER, A POUGUES.

HISTORIQUE.

La petite ville de *Pougues* revendique une antique origine. Les titres latins du moyen-âge la désignent sous les noms de *Poduaquæ*, *Poclaquæ*, *Poguæ*, *Pogæ*, source, fontaine, eaux de la montagne, mot grec, *latinisé*, disent quelques érudits ; moitié celtique, moitié latin, disent les autres. Tous d'ailleurs s'accordent sur ce point que les Romains, dont le sol de cette province révèle à chaque instant le séjour prolongé, et qui affectionnaient singulièrement *Noviodunum*, Nevers, ont connu ces salutaires Eaux et sont venus leur demander la réparation de leurs forces après les fatigues des combats, ou, peut-être, celle de leurs estomacs après leurs succulents festins. Les bonnes gens du pays nous diront qu'Hercule s'y est guéri d'une gastrite et Jules César de la gravelle !

Si, maintenant, nous nous reportons à la mythologie, voici ce que la légende nous apprend (1) :

....
Il se rencontre un cham d'un antique pourpris,
Qui prez des flots de Loire a ses limites pris,
Et fut Pougues nommé de la Nymphe Pégée,
Nymphe du fait de Loire deux fois accouchée,

(1) *Les fontenes de Pougues*, de M. Raimond de Massac, docteur en médecine, mises en vers français par Charles de Massac, son fils ; dédié à Madame de Nevers. A Paris, chez Toussaincts du Bray, au Palais, en la gallerie des prisonniers. 1605.

> Sa fille Saint-Marcel fut son enfant premier,
> La belle Saint-Léger fons second et dernier,
> Saint-Marcel en beautez assez fort estimée
> Du nom de son ayeul était ainsi nommée,
> Car sa mère Pégée eut Mars pour géniteur,
> Et pour mère Nevers riche en biens..... ..

De tout temps, les habitants du Nivernais, suivis de leurs voisins de la Bourgogne, y sont venus chercher le remède à un grand nombre de maladies. Sous l'inspiration d'une foi naive, ils entreprenaient des neuvaines de boisson, mêlées de neuf jours de prières devant les reliques de **Saint Léger**, et, regagnant ensuite leurs résidences éloignées, les malades pèlerins portaient au loin le bruit des guérisons multipliées et des vertus de la source bienfaisante.

Ce sont ces guérisons et ces vertus que **de Massac** (1) célèbre dans son poème latin, et, avec lui, **Jean Banc** écrira que *les sources de Pougues sont les premières potables médicamenteuses* (2).

Pidoux (3) conduisit à **POUGUES**, en 1582, messire **Arnauld Sorbin**, évêque de Nevers et prédicateur du roi. Ce prélat était « atteint d'une colique pierreuse, accompagnée ordinairement » de fiebvre, suppression d'urine, cataries et autres pernicieux acci- » dents ». On vit bientôt « cinq à six cents personnes, chaque année, se rendre à **POUGUES** des provinces voisines et même des provinces éloignées. **Henri II, Henri III, Catherine de Médicis,** la princesse **de Longueville, Marie de Gonzague,** y vinrent en différents temps. **Henri IV** fit transporter les Eaux de la source **SAINT-LÉGER** à Saint-Maur-des-Fossés, et **Louis XIV**, à

---

(1) Ræmundi Massaci clariaci agenensis et collegii aurelianensis facultatis medicæ decani, *Pugex, seu de Lymphis Pugeacis libri duo.* 1597.

(2) Jean Banc. *La mémoire renouvellée des merveilles des Eaux naturelles en faveur de nos nymphes françaises et des malades qui ont recours à leurs emplois salutaires.* — Paris, 1605.

(3) Jean Pidoux. *Des fontaines de Pougues en Nyvernois, de leurs vertu, faculté et manière d'en user.* Paris, 1584. — V. aussi du même auteur, *La vertu et usage des fontaines de Pougues en Nivernais et administration de la douche, frictions,* 1597, et *Discours sur l'origine des fontaines de Pougues, ensemble quelques observations de la guérison de plusieurs grandes et difficiles maladies, faicte par l'usage de l'eau médicinale des fontaines de Pougues en Nivernais,* par M. Anthoine du Foutilloux, Nevers. 1595.

LE SPLENDID HOTEL

En avant, un *salon de jeu*. A la suite, l'immense *salon des fêtes*, superbe dans sa blanche décoration Louis XV, et, de plus, très élégamment meublé. Ces deux salons ne sont séparés de la scène que par des cloisons mobiles, de sorte que, en un tour de main, on obtient une spacieuse salle de concert, de bal ou de spectacle pour le plus grand plaisir des oreilles, des jambes, de l'esprit et des yeux.

Enfin, au bout, un *salon de lecture* bien fourni de journaux, de revues et de livres. Ornant les murs, les portraits de quelques-uns des nombreux grands personnages qui ont fréquenté et béni les eaux de *Pougues* : Henri III, Catherine de Médicis, Henri IV, Marie de Gonzague — l'Italienne, dans son costume sévère, Louis XIII, la duchesse de Montespan, richement déshabillée, la duchesse de Longueville, Louis XIV.

Attenant au Casino, un *café-restaurant* au rez-de-chaussée et un *cercle* indépendant au premier étage, avec balcon d'où l'on surprend les lointains et les dessous du parc.

Enfin, les deux pavillons accôtant la grille d'entrée ; celui de droite, avec sa boîte aux lettres et son bulletin de la Bourse, le *salon de correspondance* avec une bibliothèque attrayante ; celui de gauche, avec *les bureaux de l'Administration*.

Si maintenant l'on tourne le dos à la grille, l'on a : à droite, sous sa tente en bois découpé, la source **SAINT-LÉGER,** qui vient de révéler son âge vénérable par une inscription sur plaque en plomb trouvée dans ses profondeurs ; au fond, le *pavillon de la musique* quotidienne ; et, enfin, au delà, *le parc* et *le lac*, dans la splendeur de ses grands arbres, le mystère de ses massifs, le velouté de ses gazons, le chatoiement de ses eaux, le fuyant de ses allées, le charme de ses bancs à l'ombre, et l'invite de ses kiosques solitaires.

Le parc, artistement dessiné, est clos de haies vives.

Une pièce d'eau permet les plaisirs de la pêche ou de la promenade en barque. Au bout du parc, une *Allée des Soupirs* va rejoindre cette grande route de Paris à Antibes ponctuée de sa double rangée d'immenses peupliers admiratifs.

A droite, quelque part dans le parc, au-dessus de la glacière, une terrasse élevée déroule à vos pieds et à vos regards un panorama de prairies, de champs de blé, de vignes, de coteaux. C'est dans ces coteaux boisés que croît le daphné lauréole, aux feuilles luisantes et persistantes, aux fleurs jaune verdâtre, plus tard petits bouquets de baies noires; c'est là que se rencontre l'anémone pulsatile (*Herbe au vent* ou *Fleur de Pâques*) qui épanouit dans les fourrés, quand souffle le vent, sa grande fleur d'un violet pâle et légèrement penchée, — deux plantes assez rares que les belles dames nivernaises achètent avec empressement aux paysannes de *Pougues*.

Tout récemment, le parc a été agrandi de 10,000 mètres de terrain. L'Administration y a transporté un coin du Jardin d'acclimatation : faisans, singes, kakatoës, aquarium, etc.; un tir au sanglier a été installé au fond du parc.

Pougues est le centre d'excursions curieuses et variées dont beaucoup peuvent se faire à pied ou à cheval, sans aucune fatigue.

D'excellentes voitures, des landaus confortables sont toujours mis, par les hôteliers, à la disposition des excursionnistes. — Le prix est à débattre.

LE KIOSQUE A MUSIQUE.

Toutes les excursions sont pittoresques, variées, instructives et intéressantes au point de vue de l'anecdote.

La forêt — le fleuve — la vallée — le manoir féodal — le château moderne — la vieille cité ducale ou abbatiale — la légende du moyen-âge — les ruines — la collection — le xviiiᵉ siècle galant — l'usine — les monuments religieux, etc., etc., tout s'y rencontre.

Voilà ce que vous offre cette station, à 193 mètres au-dessus du niveau de la mer, loin des préoccupations commerciales et des inquiétudes politiques. Le climat y est doux et tempéré. C'est à peine si un petit vent du Sud-Ouest, le *Galerne* berrichon, rafraîchit d'une averse de passage et les gazons et les feuillages.

Jamais une épidémie n'a visité *Pougues,* où rien de ce qui touche à l'hygiène n'a été négligé. La vie y est de plus calme, facile, amicale et gaie sans y être fatiguée par le tumulte des Stations mondaines et tapageuses.

A *Pougues.* l'on se sent et l'on s'écoute guérir — la première quiétude et la chère volupté des malades. (Dʳ JANICOT et A. GIRON. — *Guide pittoresque et médical.*)

C'est pour les fontaines de *Pougues* que J. BOUGEANT, SIEUR DE CHEVERUE, avait écrit, vers 1605, une curieuse pièce de vers, qui se termine ainsi :

> *De nos communs excez la nature lassée*
> *Dans ces lis grivelez trouve sa Panacée ;*
> *Les membres my-pourris reverdissent encor :*
> *L'hydropique altéré reçoit l'allégence :*
> *Et le froid cathareux est tiré de souffrance*
> *Aussi-tost qu'il descend en ces piscines d'or.*

Clermont-Ferrand, typographie et lithographie G. MONT-LOUIS.

CLERMONT-FERRAND, TYP. ET LITH. G. MONT-LOUIS

www.ingramcontent.com/pod-product-compliance
Lightning Source LLC
Chambersburg PA
CBHW060920050426
42453CB00010B/1837